天津日光温室气候资源及黄瓜低温冷害风险区划图集

陈思宁　柳　芳　黎贞发　著

气象出版社

China Meteorological Press

内容简介

  本图集主要包含日光温室气候资源区划和低温冷害风险区划两部分。气候资源区划以天津近 30 年(1981—2010)冬季气温、日照、风速、相对湿度等气候资源为基础数据,通过不同气象因子的空间变化,对天津冬季影响日光温室生产的主要气候资源进行简要介绍。同时选取两种在天津有代表性的温室,依据自然灾害风险原理,分别从灾害强度、灾害损失和防灾抗灾能力三个方面,对天津近 10 年(2005—2014)日光温室黄瓜种植的低温冷害风险进行区划。本图集旨在为气象科技人员、农业科技工作者、相关专业在校大学生掌握相关内容提供参考。

图书在版编目(CIP)数据

  天津日光温室气候资源及黄瓜低温冷害风险区划图集/陈思宁,柳芳,黎贞发著. --北京 :气象出版社,2017.3
  ISBN 978-7-5029-6527-3

  Ⅰ.①天… Ⅱ.①陈… ②柳… ③黎… Ⅲ.①日光温室-气候资源-研究-天津②黄瓜-温室栽培-低温伤害-气候区划-图集 Ⅳ.①S162.3②S426-64

  中国版本图书馆 CIP 数据核字(2017)第 057309 号

出版发行:气象出版社

地　　址:北京市海淀区中关村南大街 46 号	邮政编码:100081
电　　话:010-68407112(总编室)　010-68408042(发行部)	
网　　址:http://www.qxcbs.com	**E-mail**:qxcbs@cma.gov.cn
责任编辑:刘瑞婷	终　　审:邵俊年
责任校对:王丽梅	责任技编:赵相宁
封面设计:博雅思企划	
印　　刷:北京建宏印刷有限公司	
开　　本:710 mm×1000 mm　1/16	印　　张:3.125
字　　数:65 千字	
版　　次:2017 年 3 月第 1 版	印　　次:2017 年 3 月第 1 次印刷
定　　价:28.00 元	

前　言

　　天津是中国四大直辖市之一,是北方最大的沿海开放城市,自身耕地较少,但科技水平和投入较高,农业现代化程度高,城郊型、都市型农业发展迅速。同时毗邻北京,是重要的"菜篮子"产品供给区。近年来以节能型日光温室为主的设施农业发展迅速,至 2013 年,天津设施种植面积达到 60 万亩(1 亩＝666.7 m²),年增加经济效益超过 50 亿元,其中节能型日光温室(以下简称日光温室)占 60％,日光温室已成为津郊农民主要收入来源。

　　日光温室以太阳光为主要热量来源,室内小气候环境主要依赖外界自然气象条件的变化。天津冬季气温低,日照差,光热条件不足,气象条件对日光温室生产较为不利,低温灾害频发。因此研究天津冬季气候资源(温度、光照、风速、空气相对湿度)变化及低温灾害发生情况,对于提高日光温室安全生产具有重要意义。

　　本图集以天津近 30 年(1981—2010)冬季气温、日照、风速、相对湿度等气候资源为基础数据,选取了 18 个对日光温室内作物生长影响较大的气象因子,绘制了日光温室气候资源区划图集。其中气温选取冬季和 1 月(气温最低月份)的平均气温、平均最低气温、极端最低气温、年极端最低气温平均值、最低气温低于−10℃的日数、冬季平均负积温等 11 个气象因子。日照选取冬季和 12 月(日照最少月份)平均日照时数、平均阴天日数等 4 个气象因子。风速选取冬季日最大风速平均值和年极端最大风速平均值 2 个气象因子,相对湿度选取冬季日最小相对湿度平均值。通过上述 18个气象因子的空间变化,对天津冬季影响日光温室生产的主要气候资源进行简要介绍。

　　天津日光温室主要种植作物为蔬菜,其中果类蔬菜对环境热量条件要求高于叶类蔬菜,也更易发生低温冷害。本图集以天津种植面积较广的果类蔬菜——黄瓜为代表绘制了低温冷害风险区划图集。依据自然灾害风险原理,分别从灾害强度、灾害损失和防灾抗灾能力三个方面,对天津近 10 年(2005—2014)日光温室黄瓜种植的低温冷害风险进行区划。本图集选取两种在天津有代表性的温室(传统二代温室、新型日光温室)进行低温冷害风险区划。采用的区划指标为 2015 年气候变化专项"日光温室蔬菜种植气象灾害风险评估与管理(CCSF201521)"的研究成果。灾害强度的风险区划按照黄瓜的发育期(苗期、花期和果期)和灾害强度等级(轻度、中度和重度)可划分为九种。传统二代温室在不同发育期均有不同程度的低温冷害风险发生。新型日光温室仅在苗期和果期发生低温冷害风险。苗期温室为不覆膜生产,温室内气象条件与温室外相同,两种温室苗期灾害强度风险一致,故仅绘制传统二代温室风险区划图作为代表,新型日光温室图省略。由于数据有限,灾害损失和综合灾害风险区划仅绘制新型日光温室果期不同灾害等级风险区划图。

综合上述两种温室低温冷害指标,建立四种温度等级(0,1.6),(−3,0),(−6,−3),(−∞,−6)日光温室黄瓜低温冷害天气指标,绘制四种低温冷害天气及不同持续天数(2~10 d)近10年(2005—2014)发生概率的空间变化图,其中(0,1.6)低温冷害天气持续6 d以上时,大部分地区发生概率为0,该等级低温冷害天气仅绘制持续2~6 d的空间变化图。

天津市气候中心长期致力于日光温室气象监测、预警及环境模拟等技术的研究,具有长序列的温室内外对比观测数据和丰硕的科研成果,同时本图集的编者在气候资源区划、灾害评估以及日光温室气象监测预警服务技术等方面都有较深入的研究。基于上述背景和2015年气候变化专项"日光温室蔬菜种植气象灾害风险评估与管理(CCSF201521)"的研究成果编写了本图集。

本图集通过对天津市日光温室的气候资源情况、低温冷害风险空间分布情况进行简要介绍,旨在为日光温室茬口搭配、生产管理等方面提供一定的参考和帮助。

本图集在编写过程中得到天津市气候中心刘淑梅高级工程师、李春高级工程师及郭晶的大力帮助,在此一并表示感谢。

由于编者水平有限,图集中不足和疏漏之处在所难免,敬请广大读者批评指正。

作者

目　　录

第 1 章　　温室种类

1.1　传统二代温室

温室描述:砖后墙,长度 80 m,高度 3.1 m,跨度 6.5 m,后屋面仰角 42°,前屋面仰角 28°,温室面积 520 m²。

图 1.1　传统二代温室内部照片

图 1.2　传统二代温室外部照片

1.2　新型日光温室

温室描述:砖+保温层的后墙结构,长度 65 m,高度 5.22 m,跨度 9.97 m,后屋面仰角 42°,前屋面仰角 37°,温室面积 680 m²。

图 1.3　新型温室内部照片

图 1.4　新型温室外部照片

第 2 章　温室气候资源区划

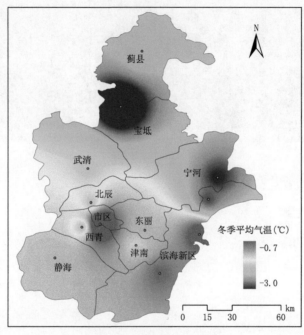

图 2.1　冬季平均气温

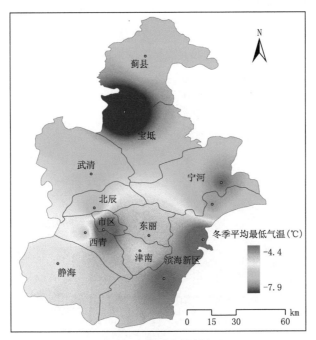

图 2.2 冬季平均最低气温

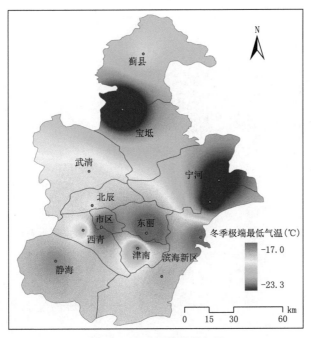

图 2.3 冬季极端最低气温

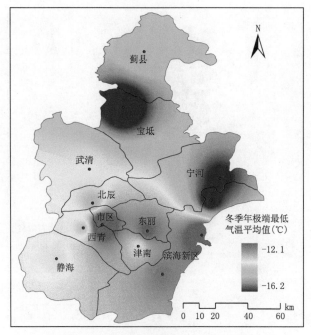

图 2.4　冬季年极端最低气温平均值

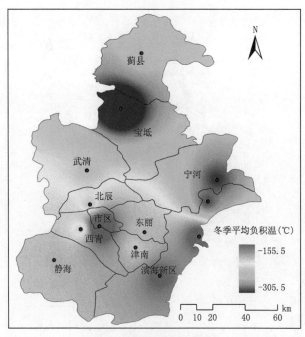

图 2.5　冬季平均负积温

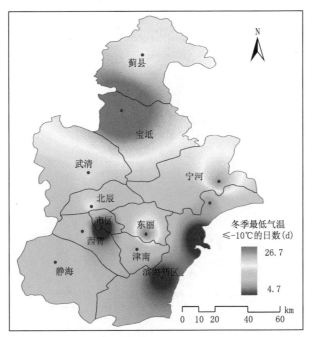

图 2.6　冬季最低气温≤−10℃的日数

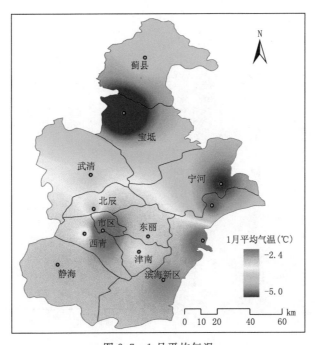

图 2.7　1 月平均气温

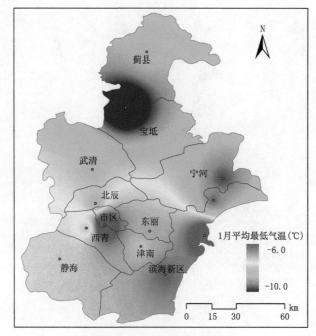

图 2.8　1 月平均最低气温

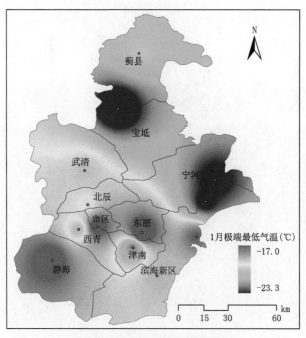

图 2.9　1 月极端最低气温

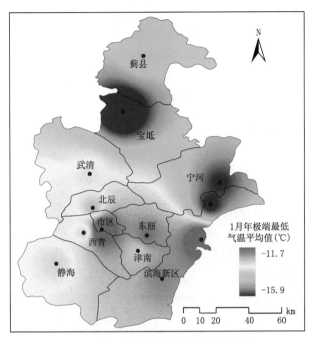

图 2.10　1 月年极端最低气温平均值

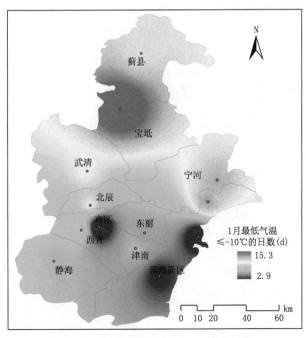

图 2.11　1 月最低气温≤-10℃的日数

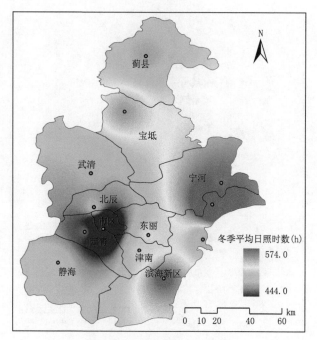

图 2.12　冬季平均日照时数

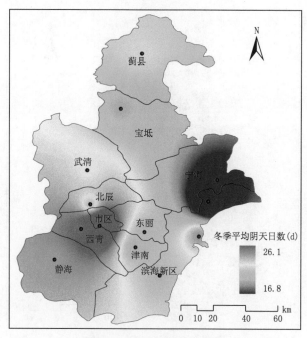

图 2.13　冬季平均阴天日数

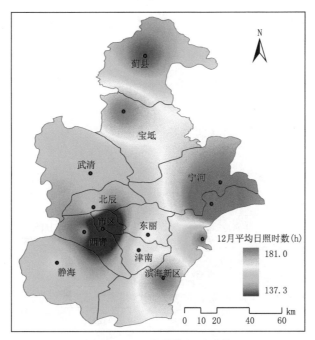

图 2.14　12 月平均日照时数

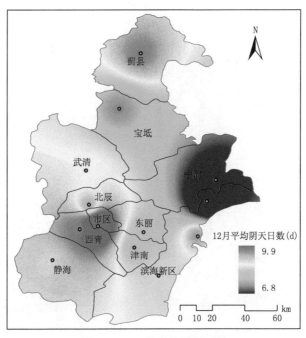

图 2.15　12 月平均阴天日数

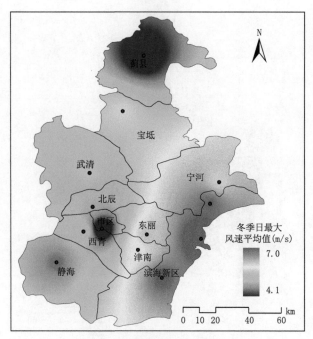

图 2.16　冬季日最大风速平均值

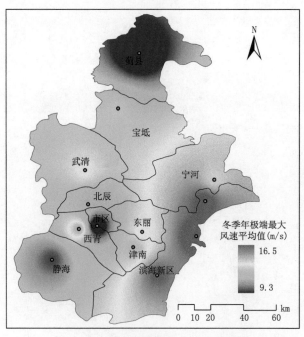

图 2.17　冬季年极端最大风速平均值

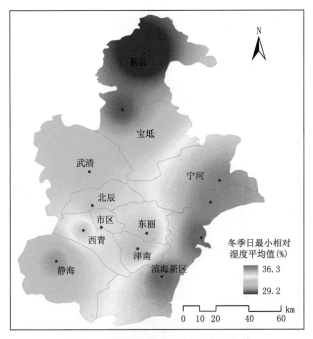

图 2.18　冬季日最小相对湿度平均值

第3章　温室黄瓜低温冷害风险区划

3.1　灾害强度风险区划

3.1.1　传统二代温室低温冷害强度风险区划图

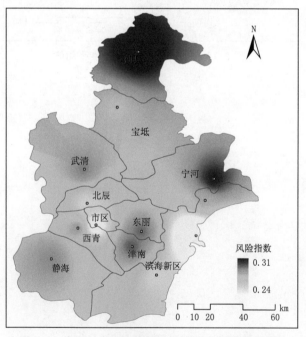

图 3.1　传统二代温室苗期轻度低温冷害风险区划图

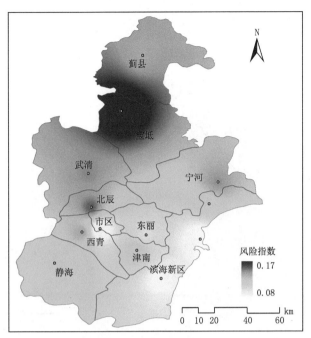

图 3.2　传统二代温室苗期中度低温冷害风险区划图

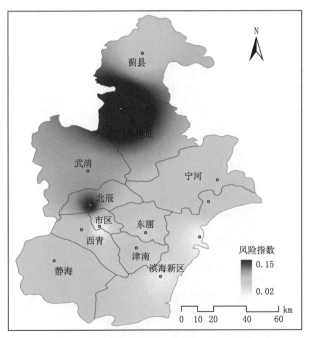

图 3.3　传统二代温室苗期重度低温冷害风险区划图

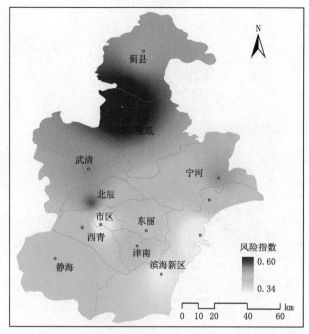

图 3.4　传统二代温室苗期综合等级低温冷害风险区划图

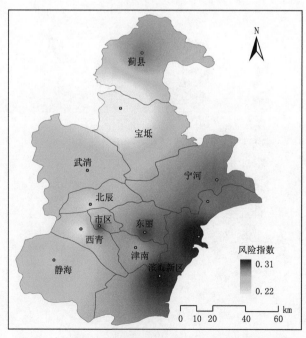

图 3.5　传统二代温室花期轻度低温冷害风险区划图

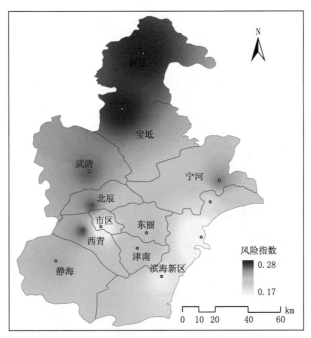

图 3.6　传统二代温室花期中度低温冷害风险区划图

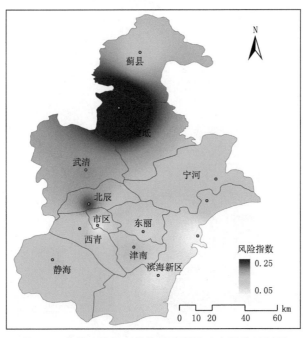

图 3.7　传统二代温室花期重度低温冷害风险区划图

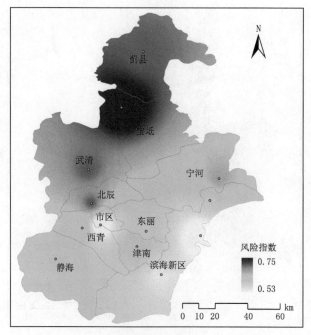

图 3.8　传统二代温室花期综合等级低温冷害风险区划图

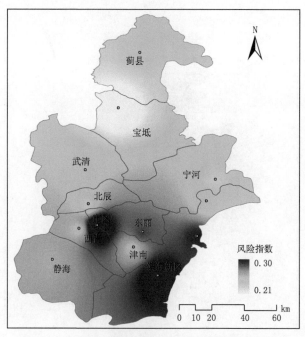

图 3.9　传统二代温室果期轻度低温冷害风险区划图

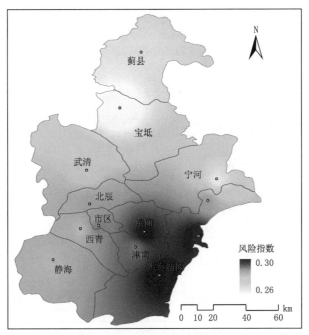

图 3.10　传统二代温室果期中度低温冷害风险区划图

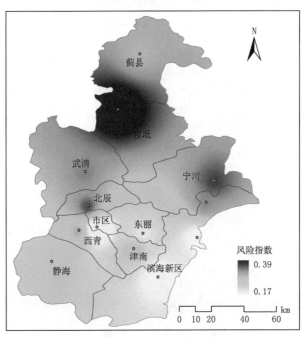

图 3.11　传统二代温室果期重度低温冷害风险区划图

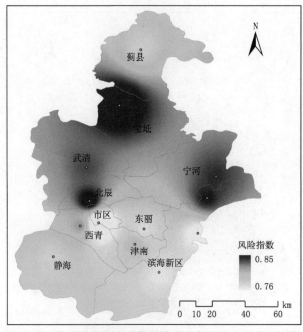

图 3.12　传统二代温室果期综合等级低温冷害风险区划图

3.1.2　新型温室低温冷害强度风险区划图

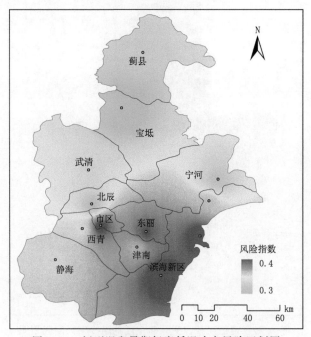

图 3.13　新型温室果期轻度低温冷害风险区划图

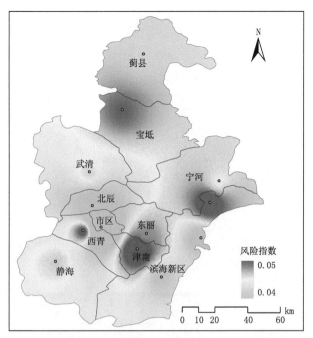

图 3.14　新型温室果期中度低温冷害风险区划图

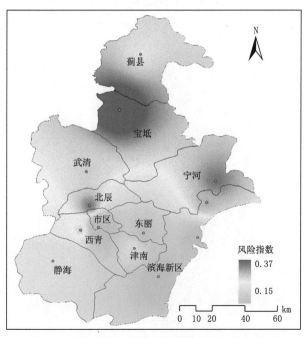

图 3.15　新型温室果期重度低温冷害风险区划图

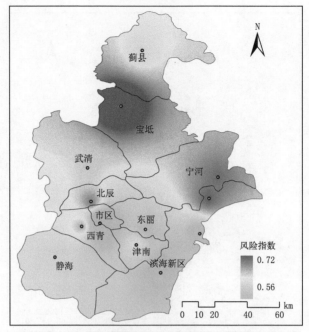

图 3.16　新型温室果期综合等级低温冷害风险区划图

3.2　新型温室灾害损失风险区划

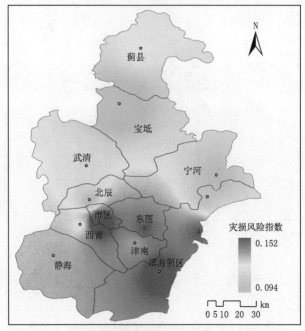

图 3.17　新型温室果期轻度低温冷害损失风险区划图

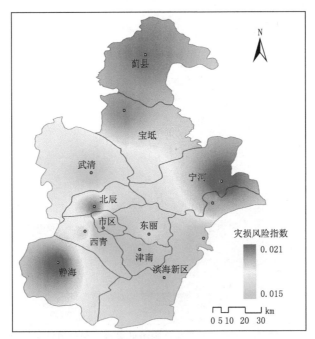

图 3.18　新型温室果期中度低温冷害损失风险区划图

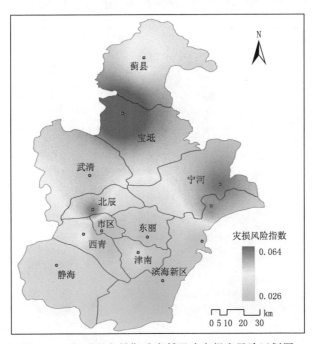

图 3.19　新型温室果期重度低温冷害损失风险区划图

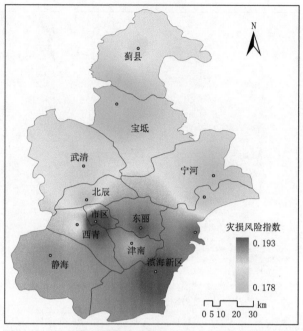

图 3.20　新型温室果期综合等级低温冷害损失风险区划图

3.3　新型温室低温冷害综合风险区划图

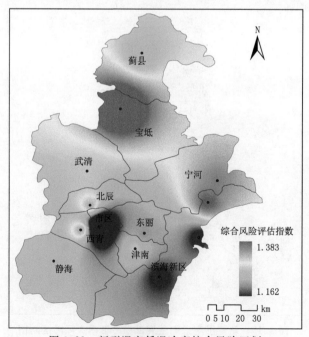

图 3.21　新型温室低温冷害综合风险区划

第4章　温室黄瓜低温冷害天气及不同持续天数发生概率空间变化图

4.1　不同等级低温冷害天气发生概率空间变化图

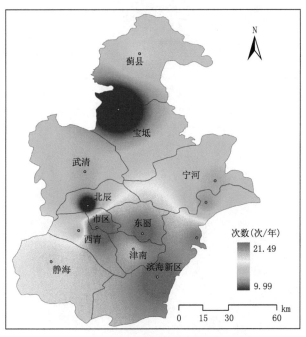

图 4.1　0℃～1.6℃低温冷害天气发生概率图

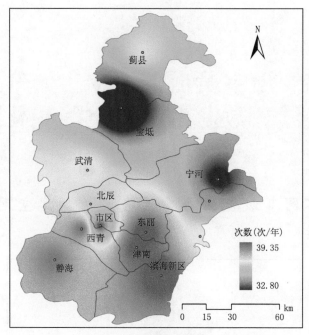

图 4.2　−3℃~0℃低温冷害天气发生概率图

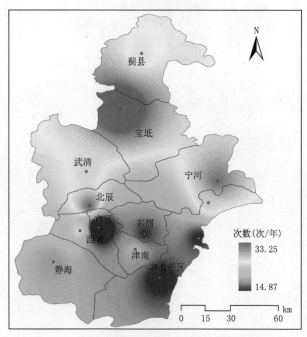

图 4.3　−6℃~−3℃低温冷害天气发生概率图

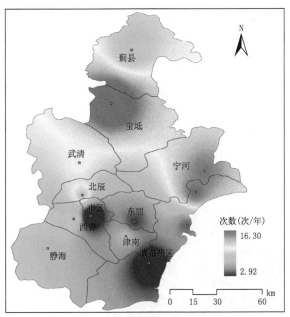

图 4.4　－∞～－6℃低温冷害天气发生概率图

4.2　不同等级低温冷害天气不同持续天数发生概率空间变化图

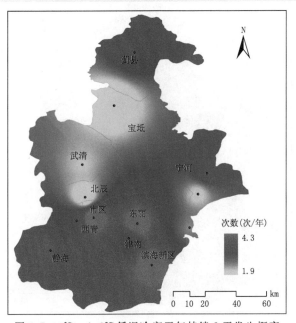

图 4.5　0℃～1.6℃低温冷害天气持续 2 天发生概率

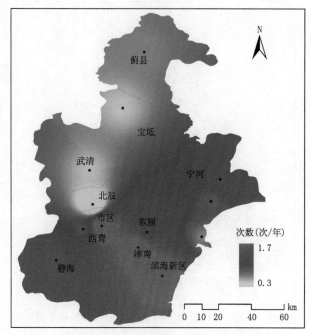

图 4.6　0℃～1.6℃低温冷害天气持续 3 天发生概率

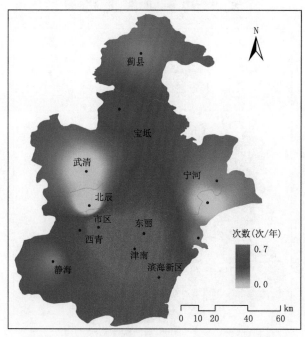

图 4.7　0℃～1.6℃低温冷害天气持续 4 天发生概率

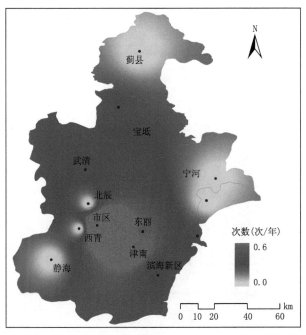

图 4.8　0℃～1.6℃低温冷害天气持续 5 天发生概率

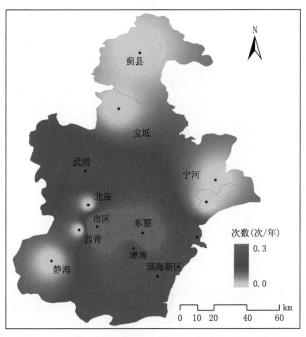

图 4.9　0℃～1.6℃低温冷害天气持续 6 天发生概率

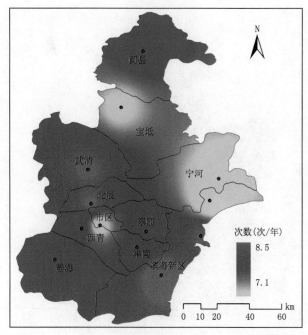

图 4.10　−3℃～0℃低温冷害天气持续 2 天发生概率

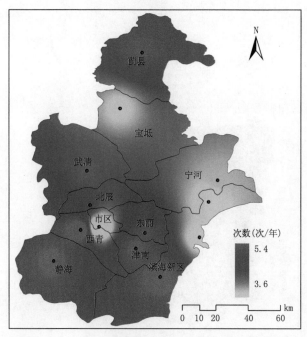

图 4.11　−3℃～0℃低温冷害天气持续 3 天发生概率

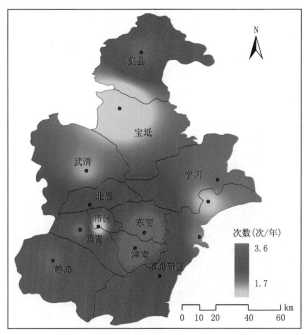

图 4.12　−3℃~0℃低温冷害天气持续 4 天发生概率

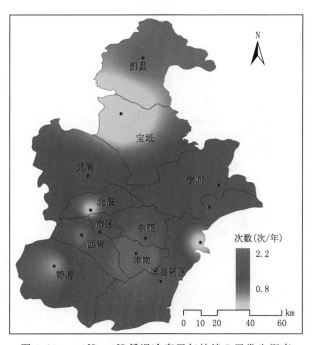

图 4.13　−3℃~0℃低温冷害天气持续 5 天发生概率

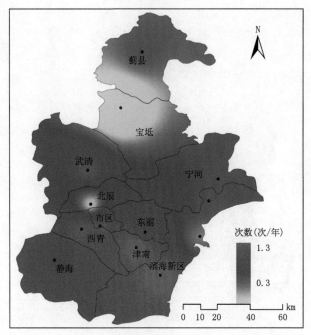

图 4.14　−3℃～0℃低温冷害天气持续 6 天发生概率

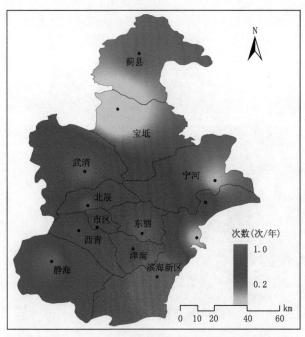

图 4.15　−3℃～0℃低温冷害天气持续 7 天发生概率

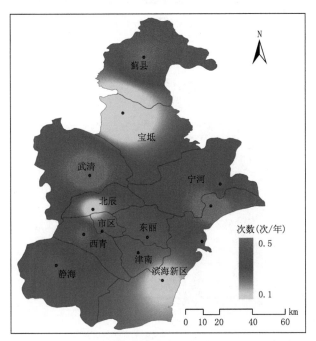

图 4.16　−3℃～0℃低温冷害天气持续 8 天发生概率

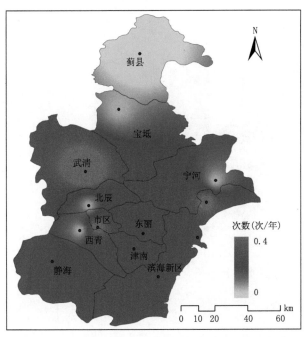

图 4.17　−3℃～0℃低温冷害天气持续 9 天发生概率

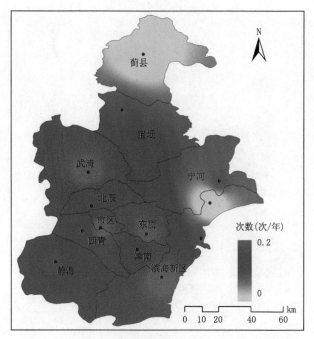

图 4.18　-3℃～0℃低温冷害天气持续 10 天发生概率

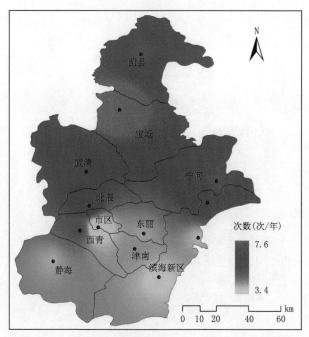

图 4.19　-6℃～-3℃低温冷害天气持续 2 天发生概率

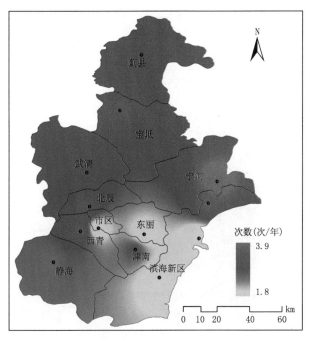

图 4.20　−6℃～−3℃低温冷害天气持续 3 天发生概率

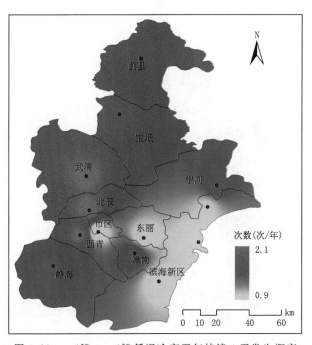

图 4.21　−6℃～−3℃低温冷害天气持续 4 天发生概率

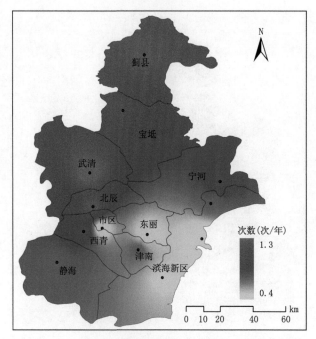

图 4.22　−6℃～−3℃低温冷害天气持续 5 天发生概率

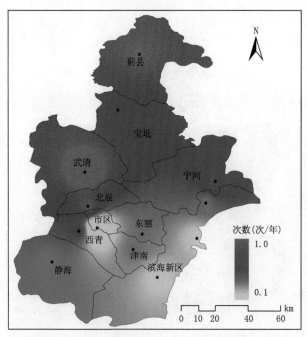

图 4.23　−6℃～−3℃低温冷害天气持续 6 天发生概率

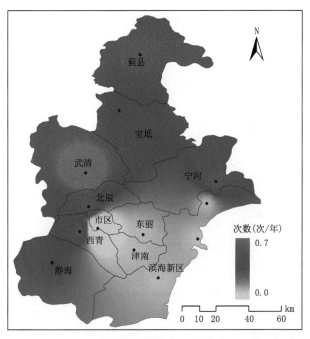

图 4.24　−6℃～−3℃低温冷害天气持续 7 天发生概率

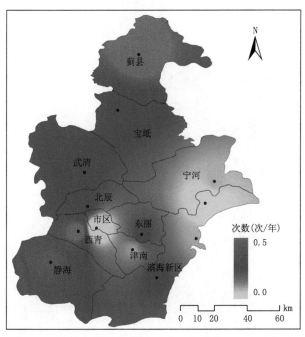

图 4.25　−6℃～−3℃低温冷害天气持续 8 天发生概率

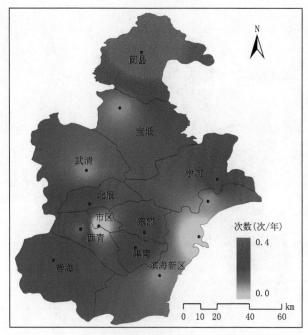

图 4.26　－6℃～－3℃低温冷害天气持续 9 天发生概率

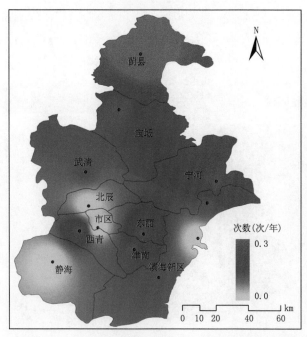

图 4.27　－6℃～－3℃低温冷害天气持续 10 天发生概率

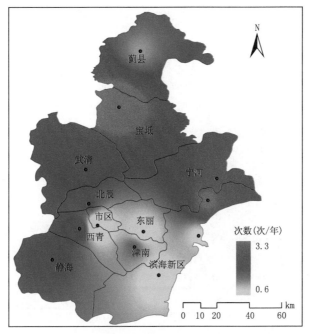

图 4.28　一∞～一6℃低温冷害天气持续 2 天发生概率

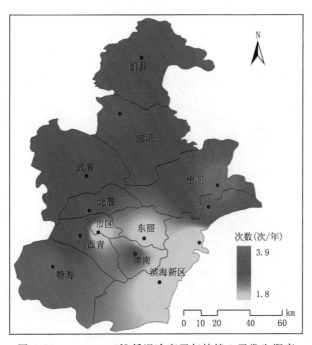

图 4.29　一∞～一6℃低温冷害天气持续 3 天发生概率

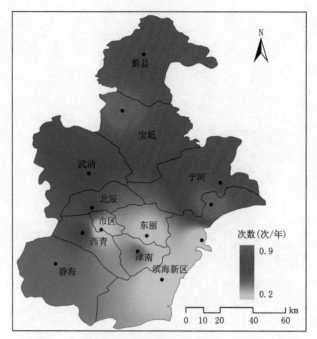

图 4.30　－∞～－6℃低温冷害天气持续 4 天发生概率

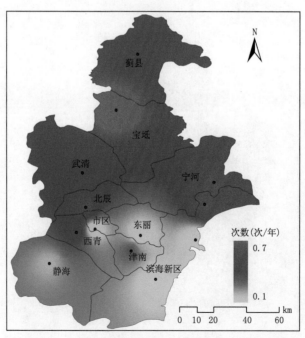

图 4.31　－∞～－6℃低温冷害天气持续 5 天发生概率

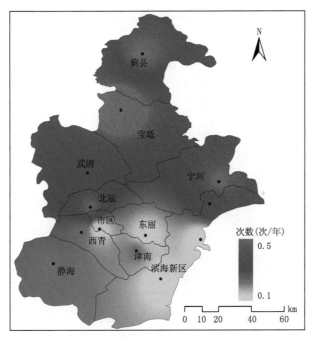

图 4.32　−∞～−6℃低温冷害天气持续 6 天发生概率

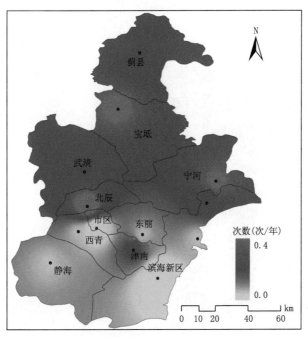

图 4.33　−∞～−6℃低温冷害天气持续 7 天发生概率

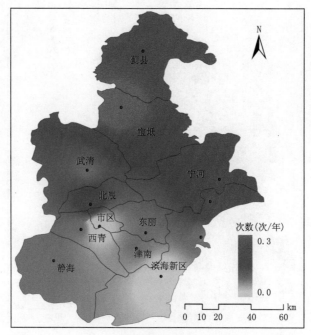

图 4.34　−∞～−6℃低温冷害天气持续 8 天发生概率

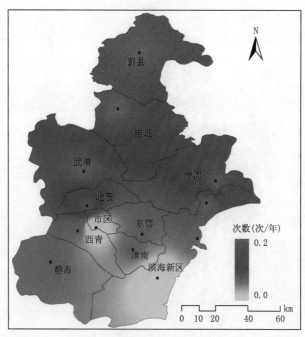

图 4.35　−∞～−6℃低温冷害天气持续 9 天发生概率

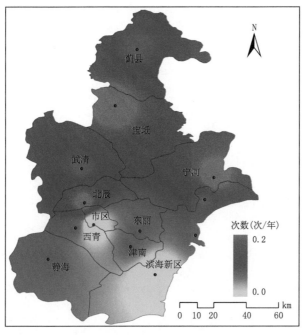

图 4.36　−∞～−6℃低温冷害天气持续 10 天发生概率